U0285148

기본 퍼머넌트 정석

专业烫发技术
实用教程

[韩]金世煜　赵妟　编著

金冰青　　　　译

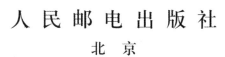

人民邮电出版社

北　京

内容提要

　　烫发技术的熟练掌握和灵活运用对于发型师来说非常重要。本书从基础烫发理论入手，详细列出了9大烫发类型的操作技术图解、操作及护理注意事项。同时，本书相对应地给出了5大卷杠设计步骤图解以及烫染同步操作图解，使发型师能够建立烫发知识的完整体系，最后，书中还对常见的问题进行了一一解答。

　　本书适合美发学校师生、发型师、烫染助理阅读。

前　言

　　我们无法断言在众多的美发技术中哪些重要或者哪些不重要，但至少没有人否认烫发技术是最为重要的技术之一。

　　烫发在实际操作中使用频率最高，因此是美发行业从业者必须熟练掌握的一项专业技能。

　　人们或许可以在多次的操作中掌握烫发基本功，但如果没有稳固的理论知识做基础，就会碰到无法跨越的局限。

　　在过去的师徒带教式的教育中，想教的人和想学的人总是无法找到适当的契合点，对于无法解决的问题只能通过经验来寻求出口。

　　经验是非常重要的，尤其在美发界，更是具有非同一般的价值。但如果可以先行熟知基本理论并加强对化学药物的理解，那么就可以少走许多不必要的弯路。

　　此书并没有意图承载庞大的知识体系，仅挑选出了最为基础的内容整理出来。

　　如果此书能为第一次接触烫发或想理清烫发基础知识的读者朋友提供一些帮助，那将会是非常值得高兴的事情。

　　最后，感谢究旻图书出版社的社长、科长以及编辑部所有编辑为此书付出的辛劳。

作者 敬上

CONTENTS

目　录

第1章　烫发的历史

人类对于优雅卷发的渴望由来已久。

所谓历史，需要有历史材料考证，即文献或物品作为证据。因此现代的烫发可以把起点看作是19世纪。

从公元前古埃及时期或是希腊和罗马时期的雕塑作品中，都可以见到各种卷发，但从严格意义上来说，这种卷发与其说是烫发，不如把它当做一次性的造型。

我们无法准确地知道那个年代使用的方法，但我们可以了解到从那个时期开始，人们就在使用各种原始的方法来试着做出卷发造型。

据学术资料记载，人们把尼罗河的淤泥涂抹在头发上，用圆柱型棍子把头发卷起来后在阳光下晒干，或者把用淤泥做成的小圆柱卷在湿的头发上，就可以做出卷发，而且能维持一段时间。

到了19世纪，随着科学和工业的急速发展，各种烫发道具和药剂被研制了出来，现代烫发技术正式起步，因此我们可以重点了解这一时期。

现代的烫发

Marcel Grateau 在1870年初次发明了卷发器，这个机器也叫做"Marcel"，用这个机器做出的卷发叫"Marcel烫"。

1906年，Charles Nessler 第一次在顾客身上操作了烫发：在头发上涂抹硼砂后将其卷在金属的圆柱型棍子上加热至150℃，成功地烫出了发卷。

Joseph Mayer 发明了从发梢开始卷曲的扁状器具，这不同于之前用圆柱形或螺丝形的器具从发根开始卷曲的方式。

后来，学者们继续研究不使用高温而是切断二硫键实现卷曲的方法，终于制造出了以氢硫基乙酸为主要原料的冷烫剂。

1940年之后，以碱性剂为基础的新的烫发方式逐步扩散，酸性烫发和对毛发刺激较小的各种烫发方式也逐渐被开发了出来。

第2章　烫发是什么？

　　烫发，英文名称即"permanent wave"，其字面含义是持续很久的（permanent）和波浪（wave）的组合。也就是说，是持续时间比较久的发卷，而不是一次性的卷曲，是通过化学药品或者高温的作用给毛发带来形态上的变化，呈现出持续性的发卷。

　　烫发是改变毛发原有的质地从而制作出新的质地的技术。直发的质地是柔顺的，卷发则会因为打结而给人更加粗糙的感觉。除了触感之外，还有视觉性的质地，视觉性的质地就可以用烫发的方式表现出来。比如发量少的直发可以给人清纯理智的感觉，发量很多又很明显的卷发则给人很有个性的印象，因此烫发对于一个人的形象起到的作用是非常明显的。

　　烫发前需要考虑清楚一些事项，比如毛发状态、有无烫染经验、追求的造型、现有发色及烫发对发色产生的影响、剪发状态、使用何种烫发剂、选择适当的卷杠及发片、操作时间等各类因素都应综合考虑。如果没有提前对这些因素进行全面综合的考虑就进行操作，则很有可能造成烫出来的

效果不尽如人意，甚至导致头发损伤断裂。

　　比如对于一些已经多次使用海娜粉染发的顾客，不了解清楚情况就贸然进行烫发，很有可能会出现染色的部分完全不出卷的情况。

第3章　毛发科学与烫发

烫发时需要对毛发进行化学处理，如果对烫发剂选择不当或是使用不正确的操作方法，会给毛发造成严重损伤。

因此，操作者需要了解烫发时毛发上会发生怎样的化学变化。

毛发的成分

毛发的主要成分是角质蛋白，而角质蛋白是由18种氨基酸组成的。

氨基酸组成蛋白质，其中含有胱氨酸的角质蛋白即是毛发蛋白的主要成分。

打个比方，班上有很多学生，每个学生就是氨基酸，由学生们组成的这个班就是蛋白质，这个班的名字叫角质。

毛发蛋白质的特点就是含有大量的胱氨酸，因此毛发燃烧时会因为胱氨酸的分解产生硫磺化合物的味道。

角质生成于毛囊，由毛细胞分裂时死掉的细胞组成，可以说是死亡组织的结合体。但角质的结构非常稳固，不轻易受到物理性外部环境的影响。但相对来说却容易因碱性及热发生变化。

组成毛发的成分除了角质之外还有水分、脂质和微量元素。

第4章 烫发剂

每个人的毛发都在毛质、粗细、毛量、损伤度方面有很大差异，根据每个人的实际情况选择适合的烫发剂能够对烫发效果起到十分积极的影响。

无论是物理原因还是化学原因导致的毛发的受损都是不可逆转的，因此更要根据毛发状态选择适合的烫发剂。

烫发剂的种类

乙硫醇酸双步冷烫（pH4.5～9.6）

以乙硫醇酸或其盐类为主要成分的烫发剂

乙硫醇酸双步热烫（pH4.6～9.3）

以乙硫醇酸或其盐类为主要成分并加热

胱氨酸双步冷烫（pH8.0～9.5）

以胱氨酸为主要成分的双步冷烫烫发剂

胱氨酸双步热烫（pH4.0～9.5）

以胱氨酸为主要成分的双步热烫烫发剂

乙硫醇酸烫发剂（pH9.4～9.6）

以乙硫醇酸或其盐类为主要成分的烫发剂

烫发剂的构成

烫发剂是用来改变毛发结构，使头发卷曲或者让卷发变直的一种药剂。

在使用烫发剂打造造型的时候毛发很容易受到损伤，因此烫发剂中既含有形成发卷的化学成分，也拥有使毛发损伤最小化的护理剂成分。

（1）烫发1剂（还原剂）

成分

还原剂包括乙硫醇酸、巯基醋酸铵、L-半胱氨酸、DL-半胱氨酸、半胱胺、乙酰半胱氨酸等。

同时还会添加氨水、乙醇胺、碳酸氢铵等碱性剂。

另外，还要添加稳定剂、螯合剂、pH调节剂、界面活性剂、护理剂等。

还原剂的作用

还原剂能够阻断毛发中的二硫键。乙硫醇酸渗透力很好，所造成的卷曲的面积很大。而半胱氨酸的成分与组成毛发的成分一致，能够实现柔和的质感，但渗透力不如乙硫醇酸。

近来使用频率较高的是半胱胺，这种药物多次反复使用后依然可以提高毛发本身的弹性和光泽，同时和其他成分相比损伤较少。

💗 碱性剂的作用

首先，碱性剂让毛发膨胀和软化，帮助烫发剂渗透。碱性剂有氨水、乙醇胺等，不同配方能改变烫发剂的效果。

（2）烫发2剂（氧化剂）

💗 成分

溴酸钠、溴酸钾、过氧化氢等氧化剂和促进烫发1剂作用的各种成分。

💗 氧化剂的作用

氧化剂让被烫发1剂阻断的二硫键进行再结合。

其中过氧化氢的反应速度很快，氧化力很强，比其他氧化剂的作用时间要短；但同时也会快速带来毛发损伤和变色，放置时间应该控制在5~7分钟。

另外，溴酸钠类的氧化剂在固定及保持卷度方面能够发挥很好的作用，其氧化作用比过氧化氢稍弱，但毛发损伤和变色少，可以放置10~15分钟。

烫发剂的使用方法

（1）根据使用法进行分类

单步法

只涂抹还原剂。涂抹烫发1剂（还原剂）后利用空气中的氧气自然氧化的方式。

双步法

涂抹还原剂后再涂抹第二步骤——氧化剂，是最常见的一种方法。

三步法

首先涂抹1剂使毛发膨胀及软化，再次涂抹1剂实现还原作用，最后涂抹2剂进行氧化。

（2）根据加热与否进行分类

根据烫发时是否加热来进行分类。

热烫

给头皮加热的一种方法。使用热蒸汽或用电发热，或者将由特殊金属制成的加热片装到卷杠上进行加热。

冷烫

在常温状态下烫发，不加热的一种方法。冷烫目前使用较为普遍，尤其是其中的双步法使用频率很高。

（3）根据药剂种类进行分类

乙硫醇酸

-还原力很好

-可能导致毛发受损

-适用于健康毛发、天然毛发

半胱氨酸

-还原力比乙硫醇酸弱

-需要加热促进反应

-价格高

-可用于受损毛发

第5章 烫发的原理

涂抹烫发1剂后毛发内的间层物质会被软化，这时将头发固定在卷杠上，使头发卷曲，后用2剂把卷曲形状固定住，这就是烫发的原理。

换句话说，1剂让毛发的纤维组织柔软膨胀，渗入毛皮质层阻断毛发内的侧链键，即二硫键。

随后把头发固定在卷杠，使头发弯曲后，使用2剂让毛发内部的胱氨酸再次结合，使毛发结构重新变得稳定。

打个比喻，就好像是把方块巧克力加热融化成液体后，放到各种形状的模具内使其再次凝固，就可以得到想要的形状的巧克力。

用以说明烫发原理的巧克力制作过程

第6章　烫发的种类

🌹 基础烫

一般在美发店最常见的一种烫发，使用圆形卷杠。

预剪后进行毛发诊断，选择适合发质的药剂，洗发后涂抹1剂。使用一般圆形卷杠1~12号把头发卷好，根据毛发状态决定加热或者常温放置。

确认头发状态后涂抹2剂，5~10分钟后拿下卷杠。

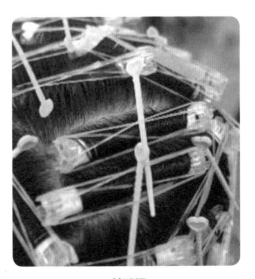

基础烫

🌹 玉米须烫

玉米须烫的特点是不使用圆形的卷杠，而是用带有纹路的夹子（玉米夹）夹。除了这一点不同之外，其他操作都和基础烫相同。和基础烫相比，玉米须烫烫出的棱角更分明，损伤度更高，因此需要格外注意。

玉米须烫

🌹 数码烫

数码烫是热烫的一种，比冷烫时更要多加注意。温度调节和水份调节是决定烫发成功与否的重要因素。

卷杠按照粗细划分有多种规格，可以根据头发长度和需要的卷度来选择。

操作时，首先通过毛发诊断来决定使用哪种药物并设计造型，再决定卷杠大小。接下来洗发并吹干，清理毛发中的异物。然后在毛发上涂抹1剂后带上塑料帽，放置10~20分钟。

软化结束后用温水把毛发洗净，确保没有1剂残留。接着用毛巾擦干水分，根据毛发受损程度调整水分量。开始烫之前先涂抹数码烫专用护理剂或者护理油。

根据毛发受损度决定烫发温度，温度在130~150℃之间。

烫好后用网把头发固定，然后涂抹2剂，一般使用喷嘴喷射的方式。

常温放置10~15分钟后，用护发素或护理剂冲洗干净，最后打理出造型。

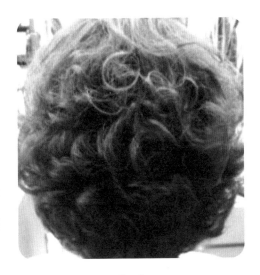

数码烫

🌹 陶瓷烫

陶瓷烫是热烫的代表性种类，比一般的基础烫效果更加自然。陶瓷烫一般在高温下操作，要注意可能会对头发造成损伤，其优点是发卷比较稳定自然，易于打理。操作中软化、清洗、毛巾干燥等步骤都和数码烫相似，但烫发时使用的是专用的陶瓷卷杠。打开电源5~20分钟后把电源关闭。

陶瓷烫

拆下卷杠后喷射适量的pH平衡剂，再涂抹两次2剂，中间间隔5~10分钟。然后用酸性洗发液清洗，再用温水冲洗干净。最后用毛巾擦干水分，用冷风吹干即可。

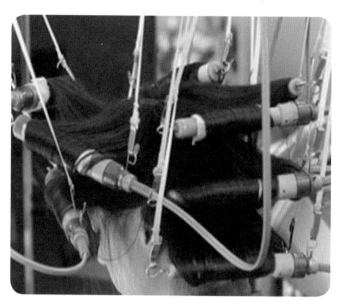

陶瓷烫

🌹 直板拉直烫

直板拉直烫是使用直板拉直头发的一种方式。洗发后用毛巾擦干水分，把头发分为6个区域。涂抹拉直1剂后分出2~3厘米厚度的发片，把直板抬起超过90度，把毛发梳理整齐，用梳背让毛发和直板紧贴起来。

直板拉直烫

用夹子固定住毛发和直板，贴上烫发纸。放置10~20分钟后把2剂在头发上涂抹均匀。再放置15~20分钟后拿掉直板，把头发清洗干净即可。

🌹 魔法拉直烫

魔法拉直烫对于先天性的卷发很有效果，需要加热操作。洗发后用毛巾擦干头发，涂抹拉直1剂。涂抹时要在发根位置留出2~3厘米，尽量不要让药水触碰到头皮。

魔法拉直烫

涂抹1剂后进行加温处理，毛发较细的受损发加热7~12分钟，一般毛发加热15~20分钟。确认完成后用温水把毛发洗净，用吹风机把水分吹干。加热时器具的温度应根据毛质进行调整，但大体上160度是较为合适的。随后在毛发上整体喷洒2剂，洗发后打理造型即可。

🌹 卷杠拉直烫

卷杠拉直烫在短发上操作较多。操作时先用头皮清洁洗发水清洗头皮和毛发，用毛巾擦干，涂抹1剂。再将头发分区，根据卷杠的长度和直径分出适合的发片，从后颈处的发片开始操作。垫上直板，将发尾部分在卷杠上卷约两圈，用夹子固定好，所有发片都依次

卷杠拉直烫

进行。根据发质决定是否进行加温处理，放置时间结束后喷洒2剂。常温放置15~20分钟后冲洗干净。洗发后打理造型。

🌹 麻花发根烫

　　麻花发根烫是非常有个性的一款发型，一般是从发根到发尾的方向卷杠，有时也可以选择从下往上卷杠的方式。洗发后分区，从颈部开始斜向分发片，这时留一些发尾部分不卷更能呈现精致效果。卷完后面的发片后，再卷两侧的发片。完成卷杠后再次充分涂抹1剂。麻花发根烫一般是在长发上操作，操作时会把头发稍微扭起来，因此如果药物使用量不足会影响出卷效果。放置约20分钟后进行测试，若效果不

麻花发根烫

好可以再放一段时间。出现满意的卷度后均匀涂抹2剂，常温放置15~20分钟后清洗，用护发素护发后打理造型。

　　一般的美发店在烫发后，只使用清水冲洗或者涂抹护发剂，但其实就算使用洗发水清洗，也不会发生开卷的情况。这是因为二硫键已经重新结合，不会受到洗发水的影响导致开卷，因此我们是提倡烫发后用洗发水清洗。在烫发后不使用洗发水这一操作变成常态的今天，我们要正确认识这件事情，改变错误的操作。

🌹 文艺复兴风烫

文艺复兴风烫的烫发效果和麻花发根烫类似，差异在于文艺复兴风烫使用专门的卷杠来操作。这种杠子比较长，较长的头发也可以使用，可使不熟悉麻花发根烫的顾客更容易接受。最后固定时使用专用夹子，而不是橡皮筋。

洗发后用毛巾擦干，随后分发区。可以先涂抹1剂，也可以在卷杠后涂抹，可以根据操作者的经验来判断。然后从后颈部开始，使用专用杠了向上卷杠。卷杠后涂抹1剂，包括加温处理在内，经过20分钟后进行测试。达到满意效果后，涂抹2剂。清洗后打理造型。

文艺复兴风烫

第7章 烫发的过程

　　首先，在顾客到访后最重要的是与顾客进行交流。要通过自然的交谈了解顾客想要的发型、头发状态和发质是否适合此种造型、烫发侧重于造型效果还是不让头发受损、日后还想做哪些美发（例如染色等）、要从哪一种开始做、之前是否做过烫染等问题。

　　遇到不确定的问题时，例如顾客所说的自然效果和发型师认为的自然效果之间可能是有差异的，建议通过图片资料确认顾客想要的效果。

　　另外，之前进行过两次以上海娜粉染发的头发不容易出卷，发型师要事先通过充分的沟通交流获知此类信息，决定是否可烫发。

烫发的操作过程

（1）咨询

　　获得顾客之前是否进行过烫染以及想要的发型等各类信息。

（2）毛发诊断并决定发型

　　确认受损度、毛流、毛质等情况，再次确认顾客想要的发型，判断是否可操作，并向顾客进行说明。

（3）进行必要的预剪

　　根据造型需要进行毛发整理，或者整理受损部分的毛发帮助烫发。

（4）决定卷杠、药剂及卷杠方法

　　根据头发长度、期望造型、期望卷度来决定。

（5）初洗

　　去除毛发中的异物，帮助药剂更好地渗透。

（6）毛巾擦干

　　过度粗暴的操作会引起毛发受损，因此操作时需要注意力度。

（7）需要时进行护发

　　在发尾或受损部位涂抹护发素，改善毛发内的多孔性。

（8）分区

　　根据造型需要进行适合的分区。

（9）卷杠

　　先涂抹1剂再卷杠（此时1剂不要碰到发根），或者先喷水卷杠再涂抹1剂。

先卷杠后涂药水时，操作时间更好控制，不会引起放置时间过长导致的受损，但要使用质地较稀的液体药剂，这是因为分子较大的产品不容易渗透。

（10）涂抹1剂

先卷杠再涂抹1剂。

注意不要忘记杠子下方的头发，要涂抹均匀。

（11）等待时间

需要时要进行加温处理。20~25分钟后进行出卷测试，再决定放置时间。

（12）出卷测试

先拆掉一个杠子，把头发推向发根处，如果能呈现出S形，那就可以判断为出卷了。

（13）中途护发

出卷后用温水冲洗干净，确保1剂无残留。

（14）涂抹2剂

护发后用毛巾把头发擦干再涂抹2剂。注意涂抹均匀，不要遗漏任何角落。放置15~20分钟。

（15）拆杠

拆掉卷杠。

（16）清洗并结尾

用温水清洗干净后洗发并护发。

洗发可能会导致头发的卷度受影响，但碱性物质残留会引发头发受损。

第8章　烫发出现的问题及对策

烫发需要进行化学处理或者热处理，也会有卷杠或梳头发时发生的物理性刺激，因此必然会导致毛发的损伤。就算只是发生了视觉或触觉都感觉不到的轻微损伤，也会导致不出卷等造型上的问题。

另外，我们也可以预测到如果同时进行烫发和染发，对头发的损伤会非常大。

现代人对于美的要求越来越多样化，审美眼光也越来越好，对美的期待值也日益增高，剪发、烫发、染发任何一种单一的操作对于满足顾客需求都具有一定的局限性，因此烫发和染发同时操作的情况也非常多。

发型师要向顾客说明一天之内同时进行多项操作会对头发造成损伤，但因为时间问题，愿意承担毛发损伤的风险、一天之内进行多项操作的顾客也非常多，因此发型师经常要同时考虑多种情况。

发型师要同时站在顾客和操作者的立场上思考造型需要和毛发管理两

项需要，要为顾客说明多种情况，引导顾客在知情的情况下做出选择。

这种交流首先要基于发型师对于基础美发理论的深度认知，以及由此获得的顾客的信任。平时发型师要不断进行专业学习，并把自己专业的一面展示给顾客，提升顾客的信任感。

作为专业人士首先要具备选择伤害最小的操作方法和药剂的能力。

另外，要通过充分的交流减少操作错误，避免重复操作的情况。还要执行正确的操作顺序，尽量减少毛发及头皮损伤，并进行正确的护理。

还要告诉顾客正确的家庭护理方法、梳发方法、适合顾客毛发的洗护发产品及造型产品等。

烫发时可能发生的问题

头皮、毛发相关问题

即便染发和烫发之间间隔一些时间，在已经染发的头发上烫发都会对头皮和毛发造成很大伤害。一般的烫发剂、染发剂、脱色剂都是强力的碱性剂，必然会对头皮和毛发造成伤害。尤其是部分药品性质相克，还会发生一些预想之外的情况。

例如，在使用过金属型染发剂的头发上烫发，会给毛发和头皮造成很大伤害。

烫发引发的头皮问题有头皮发烫或发痒。烫发前洗发时，动作要尽量轻柔，减少对头皮的刺激，涂抹烫发药时也要减少与头皮的接触。

除此之外，烫发后毛发会有毛躁、损伤加重的情况。

烫发因为使用化学药品必然会产生毛发受损，因此要尽可能使用毛发保护剂和适当的造型产品。但在使用这些产品之前更加重要的是在操作时遵守每一个步骤的适当时间、不过分拉扯头发、梳发时动作轻柔等这些恰当的处理方式。

拆下卷杠后把药水清洗干净也是能让毛发保持健康状态的重要因素。

烫发和染发之间最好相隔1~2周的时间，并且需通过测试确定前一个环节中使用的药物和这一环节中要使用的药物之间是否相克。

测试是把过氧化氢和烫发药剂以20:1的比例混合装在量杯中，从内侧取出少量毛发放到量杯里，大约30分钟后观察容器是否变烫、头发的颜色是否有变化。在操作前最好在头皮上先涂抹凡士林或者头皮专用护理剂后再开始烫发。

不出卷的情况

使用海娜粉染过的头发会抵制烫发药剂的渗入，无法打开毛发表皮，因此无法做出成功的卷发。另外，过度脱色导致毛发损伤严重的头发也不容易出卷。

色彩流失及褪色

在染过的头发上进行烫发时会发生色彩流失或褪色的情况。

用酸性药剂染过的头发尤其会在烫发时发生色彩流失或黑发变得斑驳的情况，要考虑操作的顺序。

第9章　烫发和染色的同步操作

烫发和黑色染发

　　一般来说，烫发等方式创造的有质感的发型一般会搭配较亮的发色，这是因为在光的反射下，浅色能显得发卷更有光泽和弹性。

　　但也有例外的情况，卷发搭配黑色可以营造出独特的异国风情韵味。此时，要先烫发，再染成黑色。

　　如果先染成黑色再烫发，会因为毛发中的金属盐和烫发剂产生反应，让毛发上的黑色素褪色。这样会导致染出的黑色不均匀光滑，是斑驳的，没有美感。

　　因此如果想要的发色是黑色，那就要先烫发后染色。

卷度很明显的烫发和染色

如果想要同时进行染色和卷度非常明显的烫发，应该先染色。烫发和染色的顺序不正确时会发生操作不顺利或效果不佳的情况。

应该从染色开始进行的原因在于，卷度明显的烫发很难把头发梳开，梳发会导致头发受损，另外头发太卷时很难把染发剂涂得均匀，后期发卷开了之后会发现颜色不均匀。

挑染较亮的颜色时也应该先染色。

但染色或脱色后头发会受损，很难烫出有弹性的发卷，要格外注意前期准备和后期处理，尽量不要用力拉伸，卷杠时动作要轻柔，放置时间适当调短。

柔和的烫发和亮色挑染

卷度柔和的烫发叠加亮色挑染时可以先进行任意一种，但最好是先挑染。发卷开了以后会看起来更整齐一些，烫发前挑染时使用片状分区方式而不是波浪挑染方式涂抹，能在自来卷或者烫过的头发上塑造出界限分明的挑染效果。

先烫后染会因为头发卷度很难涂抹准确。但使用漂白的方式挑染时，可以在涂抹烫发中和剂后于冲洗前几分钟进行操作，可以快速完成两种效果。

拉直烫和发尾的方块染色

想要在发尾处染发并且有直线的明确分界时，要先进行拉直烫，这样更容易区分出分界线。对于不需要染色的地方要涂抹防护霜，在头发下面垫上锡纸后涂抹染发膏，就可以得到界限分明的染色效果。

黑色染发和拉直烫

把直发染成深色会有增加光泽度的效果。

尤其染成黑色可以具有异域风情以及神秘独特的感觉。此时和烫卷一样，要先拉直后染发。

如果先染发，会因为头发中的色素掉落导致头发斑驳，着色不均。这样的头发并不美观，会降低整体效果。

因此想要黑色直发时，要先进行拉直烫再染发。

头发内侧操作为红色的酸性染色，外侧是阶段9的染色和拉直烫

整体染色并拉直时可以先染后烫，但在局部操作酸性染色时要先拉直再染。

在上述情况下要把整体染为阶段9，再进行拉直。

经过染色和烫发两个步骤之后头发整体受损，要格外关注事前及事后处理，拉直时不要用力拉扯，要小心梳理。

在不进行酸性染发的部分进行防护操作后，在剩余部分涂抹红色染发膏。操作完成后将毛发洗净，并进行适当护理。

发尾保持原有发色，头发上半部分染成阶段9，烫成柔和的卷发

可以任意选择先烫或者先染。由于要烫的发卷比较柔和，因此不会对涂抹染发膏造成不便。

但如果发卷过大，会在涂抹染发膏的过程中几乎变为直发，要格外注意。操作时要先选择把造型重点放在卷发还是颜色上，根据这一重点有选择地进行操作，即可获得所需效果。

第10章　烫发后的护理

　　烫发后应使用洗发水和护发素，最好使用加强毛发营养、增加发卷弹性和光泽的烫发专用洗发水，以及能够去除残留的烫发药中的碱性成分的产品。

　　另外，要使用发蜡、发胶、摩丝、精华等产品进行打理，还要给顾客介绍在家里也可以轻松操作的产品及打理方法。

第11章　对发型设计的理解

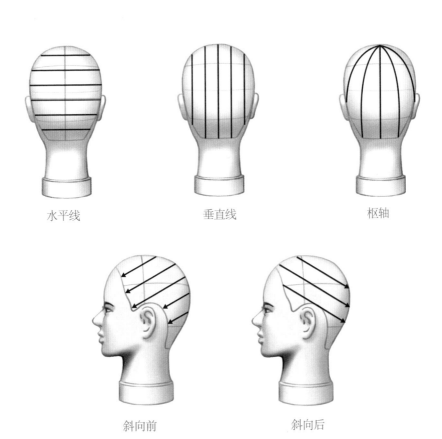

水平线　　　　　　　　垂直线　　　　　　　　枢轴

斜向前　　　　　　　　斜向后

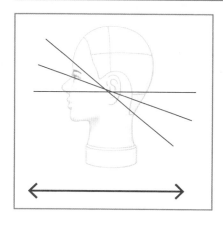
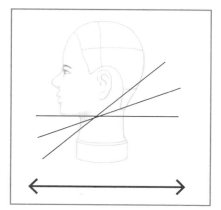

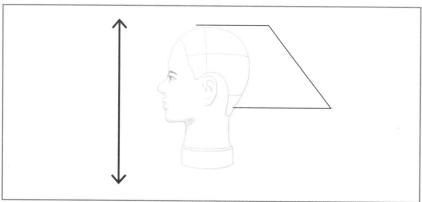

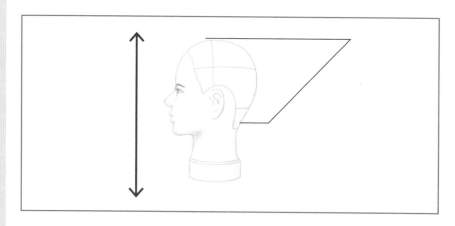

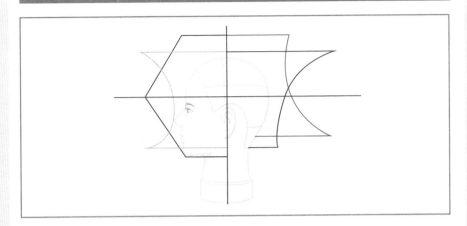

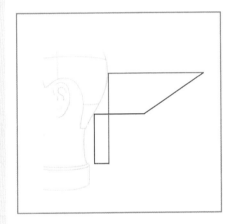

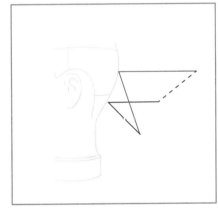

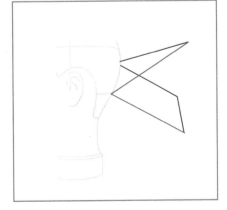

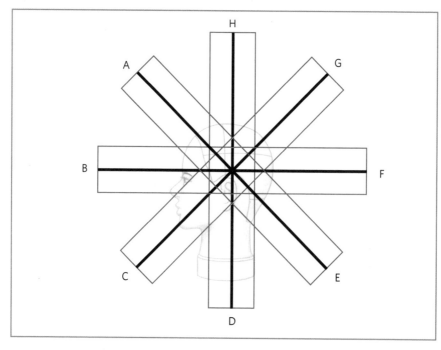

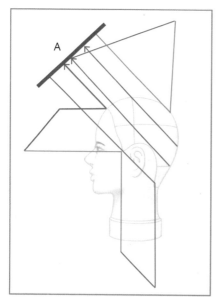

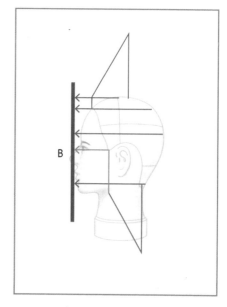

形态和位置，以及方向

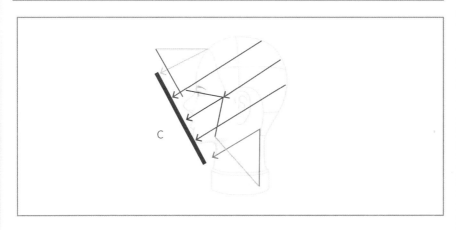

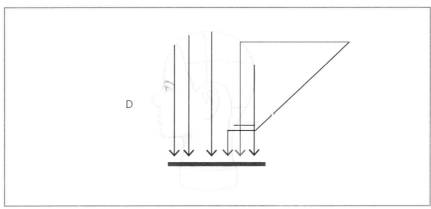

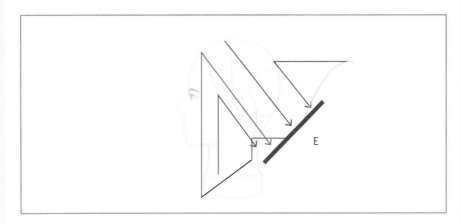

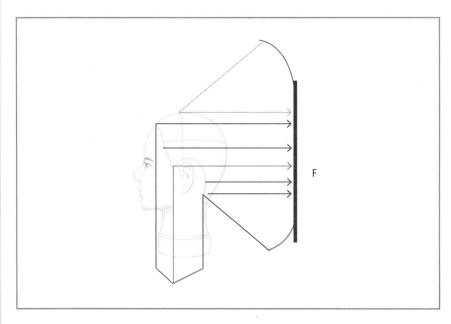

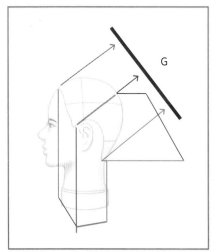

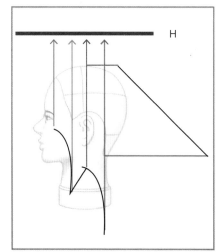

形态和位置，以及方向

横向

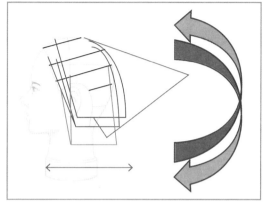

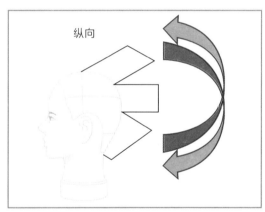

纵向

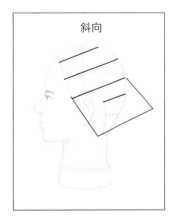

斜向

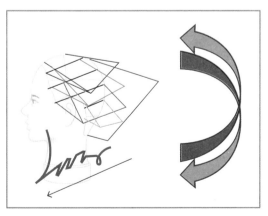

	横向	纵向	斜向	
流程	第一次剪的是纵向的连接，第二次剪出横向的连续（外侧线条）	第一次剪的是横向的连接，第二次剪出纵向的重叠（侧面轮廓线条）	横向的连续（外侧线条）和纵向的重叠（侧面轮廓线条）会同时发生。	熟练以后可以用"横向"片剪剪出"纵向"的效果，反之亦然，但如果没有特殊目标，最好不要盲目冒险。
纵向的重叠（侧面轮廓线条）	容易打造轻薄的效果	容易打造厚重柔和的效果	两者之间	
横向的连续（外侧线条）	容易打造轻薄柔和的效果	容易打造厚重整齐的效果	两者之间	
与造型的协调	适合高层次的轻薄发型	适合堆积层次的厚重发型	适合堆积层次发型中的轻薄型以及高层次中的厚重型	

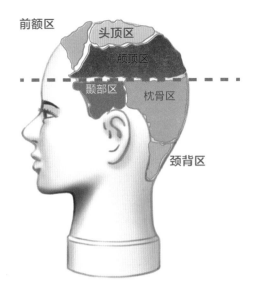

前额区

    塑造刘海造型的区域，对于脸型及五官的协调起到重要影响。

头顶区

    相当于整体造型的表面部分，对于造型的质感、动感、整体高度起到重要作用。

颅顶区

    在头的上面，表面积最大，对于整体造型的形状、量感、质感、动感都有很大影响。包括了量感调节的关键点——头盖骨的突出。

颞部区

    形成侧面外线的形态和质感的区域。

枕骨区

    表面上不太看得到这一区域，此区域包括了量感调节的关键点——后头部的突出。

颈背区

    形成后脑外线的形状和质感的区域。

第12章　烫发所需要的准备

一般烫

烫发布、毛巾、橡皮筋、
烫发剂（1剂）、烫发纸、
橡皮筋、卷杠、尖尾梳、
烫发棒。

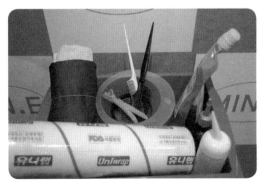

热烫

烫发布、毛巾、烫发膜、
烫发剂（1剂）、染发碗、
刷子、尖尾梳、镊子。

中和

烫发布、毛巾、中和垫、中和剂（2剂）、橡皮筋、pH调节剂。

护发

微量元素预处理剂、水分诱导剂、pH调节剂、油分后处理剂。

第13章　烫发设计理论

本章节对于操作顺序进行了详细讲解，通过学习烫发设计理论可以进行操作实习。

一般卷杠（横向卷杠）

砌砖型

纵向卷杠

斜向卷杠

水波卷杠（长卷杠横向卷）

数码烫

陶瓷烫

一般卷杠（横向卷杠）

抓取与卷杠大小匹配的头发，进行梳理。

把头发拉紧。

放上烫发纸。

均匀用力，把头发拉到发尾处，开始卷杠。

卷杠的过程中要始终保持头发紧绷。

保持头发紧绷的状态下，用两只手把发卷卷得有弹性。

缠上橡皮筋，注意不要让
卷杠扯到头发，橡皮筋不
要刺激到头皮处的毛发。

要卷得均匀，也要注意头
皮角度的准确性，根据发
型和毛发长短选择适合的
卷杠来帮助调整角度，最
后为了降低橡皮筋的刺
激，要插上烫发棒。

这一操作有利于让发顶部位变得蓬松，一般以50岁以上的女性为对象。上半部分的横向卷杠要紧凑、左右交错，头发容易分开的发顶部位操作要格外注意，要让发卷稳固、有弹性。和一般的卷杠（横向）相比，这种方式使用的卷杠更多，因此消耗的时间也更长，这是最大的缺点。

完成作品

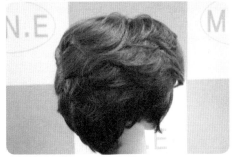

纵向卷杠

抓取与卷杠大小匹配的头发，把头发拉紧。

放上烫发纸。

这时，烫发纸要尽可能地把头发包裹住。

卷杠时要把头发放在杠子的下方开始卷。

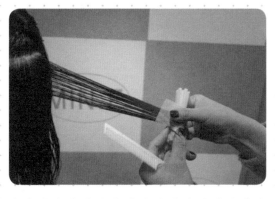

卷杠时头发要保持紧绷状态。

使用尖尾梳把发尾部分梳理整齐。

保持杠子的上下以及左右的均衡，把杠子卷到适当的位置上。

杠子要与头皮保持0.5厘米的距离。

用橡皮筋固定时要保持杠子的角度。

纵向卷杠是受重力影响比较大的一种设计，因此比起上半部分比较厚重的齐剪方式，更适合层次较高的层次剪。这种方式有方向性，要根据左右平衡、顾客形象等来决定前后方向。

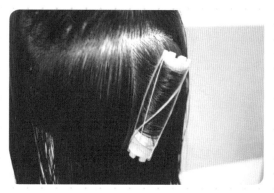

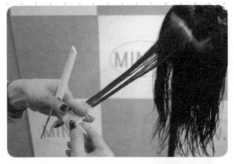

斜向卷杠呈现出横向和纵向卷杠的中间效果，同时具备蓬松感和方向性。相比于没有层次的齐剪，更加适合有层次的层次剪造型。

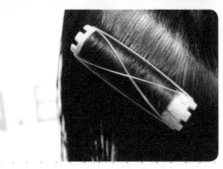

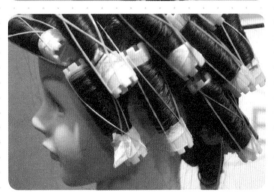

纵向和斜向卷杠会比横向卷杠更受重力影响，因此保持时间较短。根据头发长度以及自来卷的卷度来决定杠子，随后使用烫发剂（1剂）。

完成作品

水波卷杠（长卷杠横向卷）

横向抓取与卷杠大小匹配的头发，放上烫发纸。

使用长卷杠时，横向从杠子的末端开始卷起。

从发尾开始均匀卷起。

卷杠角度应为45度~60度。

根据长卷杠的左右长度，整体头发大概可以使用4个杠子。

长卷杠相比普通杠子会更大、更长，因此容易倾向一侧。

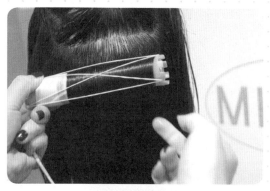

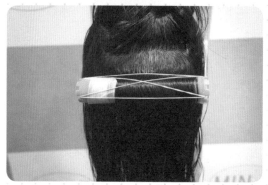

水波烫是用长卷杠横向卷的方式做出来的。在有层次或者没有层次的头发上均可使用，但考虑到最终效果，更适合使用在没有层次的齐剪发型上。

完成作品

数码烫

数码烫要在高温环境下进行，因此要使用两张烫发纸。

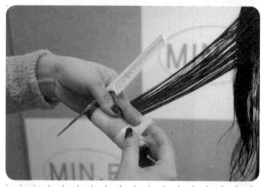

数码烫卷杠时并非按照杠子大小分发片，而是根据发量和剪发造型选择发片的大小和方向。

数码烫的杠子要加热到高温，所以，卷杠时不要紧贴头皮。

为了防止头皮被高温烫伤，要使用不织布保护。

用不织布包裹毛发可以尽可能减少加热过程中水分的蒸发。

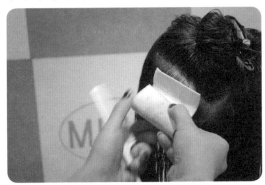

在不织布上面绑橡皮筋就不会留下橡皮筋的痕迹。

杠子太大会因为重量下垂，导致杠子紧贴头皮。

因此使用大杠子的时候要多裹几层不织布。

根据发量多少决定是否用夹子进行固定。

数码烫使用的杠子越多越能打造出有弹性的卷发，但由于重量太大，会让顾客产生不适。

插上电线后要先确认是否正常启动，再开始加热。

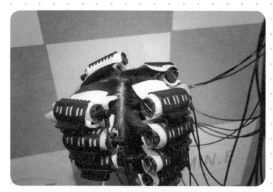

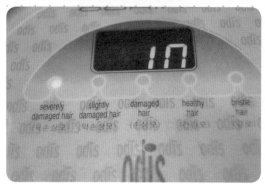

根据严重受损发、受损
发、轻度受损发、健康发、
硬发等不同的毛发状态决
定不同的温度。

陶瓷烫

陶瓷烫的发片要比数码烫
更大。

要同时考虑陶瓷烫的杠子
大小和发量分出发片，裹
上烫发纸。

由于要加热到近180℃的
高温，因此要使用头发保
护罩来保护头发。

卷杠时要使用"面卷"方
式，才能卷得均匀紧绷。

需要特别注意杠子不能靠近头皮。

使用不织布减少毛发的水分蒸发，同时保护头皮不受高温伤害。

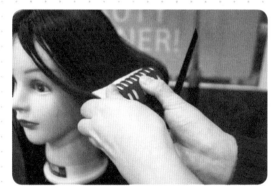

使用夹子固定不织布，然后连接电线。

陶瓷烫更能表现出长发的
美丽；但对于短发来说是
不太容易操作的，应选择
杠子较小的数码烫。

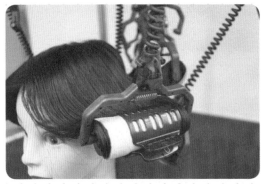

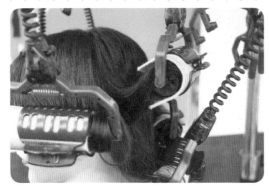

陶瓷烫要注意杠子与杠子
之间保持适当距离，高温
的杠子不能碰到头皮。

卷杠拉直烫时头发要与头皮保持90度以上的角度，用梳子梳出蓬松感。

仔细整理发尾部分后裹上烫发纸。

卷杠时保持紧绷的状态，注意不要左右摇晃。

杠子与头皮的角度要保持90度以上。

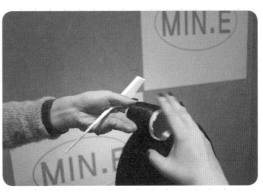

绑橡皮筋的方法会根据杠子大小有所差异，但要尽量绑得紧一些，以保持曲线感。

有时为了保持并固定头皮处的曲线感，会使用粉末（面粉）。

尽可能让杠子之间没有间隙，用插子调整角度不对的部位。

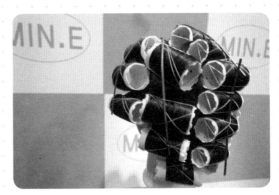

完成作品

冷离子烫操作过程

卷杠后涂抹烫发剂（1
剂）。

*注意不要碰到头皮。

用插子固定好形状。

*插子插在橡皮筋最上层。

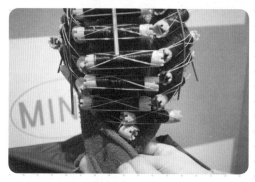

使用发圈，避免烫发剂流
下来。

给烫发剂（1剂）加热，
为了保持温度使用塑料
帽。

根据毛发状态调整温度及
时间。

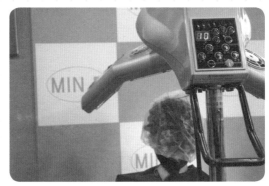

加温处理完成后常温放
置。

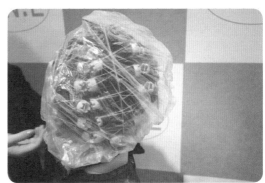

常温放置后清洗中和以降低
pH值，并清除烫发剂（1剂）
的残留物。

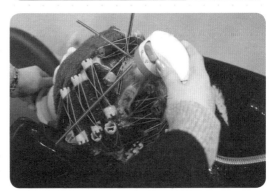

涂抹中间处理剂补充蒸发
的水分。

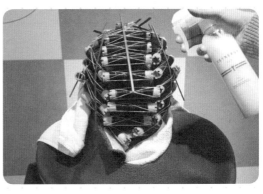

涂抹中和剂（2剂）即可完成操作。

热离子烫操作过程

在受损发区域补充氨基酸（1次补充）。

2次补充时补充流失的水分。

涂抹烫发剂（1剂）时要区别对待新生发和受损发。

涂抹烫发剂（1剂）时药
剂的量要均匀适当。

使用塑料膜在进行加温处
理后保持温度。

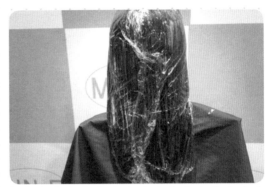

根据毛发状态和药剂的特
点决定温度及时间。

进行过热处理和常温处理
后对头发进行软化测试。

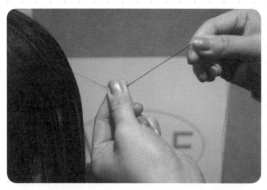

用拉伸的方式判断头发的软化程度。

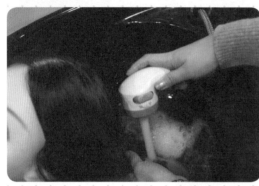

测试完成后用温水洗净烫发剂（1剂）。

在留有10%水分的状态下进行卷杠。

Color+ 专为健康染发而生

联袂亚洲美业金紫荆大奖盛典

精选全国100家具有影响力美发沙龙
将传统染发项目升级为2.0健康染发项目

崇尚关爱理念　践行健康染发

Color+ 1 全面防止头皮过敏，去除异味，内部修复重建头发组织。

Color+ 2 是高端奢华的护理产品，不同一般护理产品的油性柔顺，Color+ 2具备控油功能，轻盈柔顺，全面修复毛鳞片，清除化学残留，将空洞和极度烂发修复至健康发质功效。

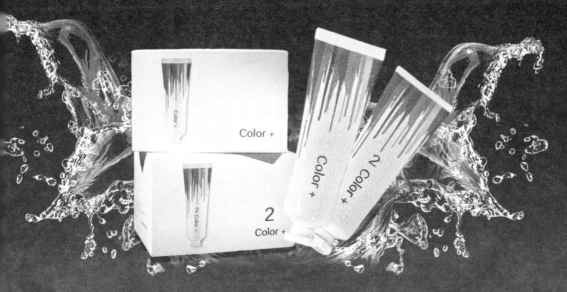

亚洲美业金紫荆大奖盛典

亚洲美业金紫荆大奖盛典，由亚洲美业文化交流协会发起，致力于通过亚洲地区美业文化和产业市场资源整合，促进亚洲各国美业领域技术、人才、教育、信息和产业的交流与发展，鼓励和表彰亚洲美业优秀人才和企业。亚洲美业金紫荆大奖盛典，每年于亚洲不同国家地区举行，是亚洲美业年度盛会。

垂询电话：13586847728 18801119027

图书在版编目（ＣＩＰ）数据

专业烫发技术实用教程 ／（韩）金世煜，（韩）赵旻
编著 ；金冰青译. -- 北京 ：人民邮电出版社，2016.10
ISBN 978-7-115-43525-5

Ⅰ. ①专… Ⅱ. ①金… ②赵… ③金… Ⅲ. ①理发—
造型设计—教材 Ⅳ. ①TS974.21

中国版本图书馆CIP数据核字(2016)第214499号

版权声明

- ◆ 编　著　　[韩]金世煜 赵旻
- 译　　　　　金冰青
- 责任编辑　　李天骄
- 责任印制　　周昇亮
- ◆ 人民邮电出版社出版发行　　北京市丰台区成寿寺路 11 号
- 邮编 100164　电子邮件 315@ptpress.com.cn
- 网址 http://www.ptpress.com.cn
- 北京市雅迪彩色印刷有限公司印刷
- ◆ 开本：700×1000　1/16
- 印张：6　　　　　　　　　　2016 年 10 月第 1 版
- 字数：77 千字　　　　　　　2016 年 10 月北京第 1 次印刷
- 著作权合同登记号　　图字：01-2016-0519 号

定价：49.00 元
读者服务热线：(010)81055296　印装质量热线：(010)81055316
反盗版热线：(010)81055315
广告经营许可证：京东工商广字第 8052 号